建筑风景
钢笔速写技法

李明同 杨明 著

中国建筑工业出版社

图书在版编目（CIP）数据

建筑风景钢笔速写技法 / 李明同，杨明著. — 北京：中国
建筑工业出版社，2017.11
ISBN 978-7-112-21409-9

I.①建… II.①李… ②杨… III.①建筑画—风景画—
钢笔画—绘画技法 IV.① TU204

中国版本图书馆CIP数据核字（2017）第258574号

责任编辑：张幼平
责任校对：王宇枢　李美娜

建筑风景钢笔速写技法
李明同　杨　明　著
*
中国建筑工业出版社出版、发行（北京海淀三里河路9号）
各地新华书店、建筑书店经销
北京京点图文设计有限公司制版
北京京华铭诚工贸有限公司印刷
*
开本：889×1194毫米　1/20　印张：8　字数：168千字
2018年6月第一版　2018年6月第一次印刷
定价：45.00 元
ISBN 978-7-112-21409-9
（31067）

不忘初心，随心而画

——耕耘在教坛的手绘挚友李明同

认识李明同并非偶然，他对艺术的执着追求、为人的谦和态度注定我们将会相识并成为挚友。

我们生活在不同的省份，尽管相隔遥远，却彼此关注着对方在艺术道路上的发展和动态，我们每有新作问世或出版都会相互赠阅和交流，暗自为对方所取得的每一点进步和成果感到高兴。我们有相同的价值观和人生观，更有共同的喜好，喜欢手绘、喜欢外出写生，喜欢画老建筑和古民居，斯里兰卡、缅甸、福建、广东、重庆等地都留下过我们的足迹，并留下一批批精美的画作。近几年，我们更是给自己创造了每年碰面的机会，在一起总是有说不完的艺术、谈不完的人生，毫无疑问，在他那里我也学到了很多。

就因为对他的熟悉程度，所以我应该具有一定的话语权。李明同现在是一名大学副教授、博士、硕士生导师，有着国画（工笔）、环艺设计、建筑设计等学科背景。教学、学术研究是他的主业，但他仍不忘初心，依旧执着地追求着他喜爱的手绘（绘画）艺术，游离于"艺术手绘"和"设计手绘"之间。他的"艺术手绘"作品通常以钢笔、马克笔、彩铅等硬笔为工具，以建筑、人物为题材，采用先勾线后设色的方法进行塑造。有着工笔学习和创作经历的李明同，深知线条是硬笔的本质语言，是技法的核心要素，也是体现画面力构的主要元素。他清楚线条、笔触的形态对于物象的塑造和作品形式美感的形成具有十分重要的作用，力求把线条、笔触的作用发挥到淋漓尽致的境地。他笔下的建筑、人物线条洒脱、飘逸，结构严谨、形体准确，画面松弛有度、虚实得当，无论在造型刻画、表现形式还是视觉效果上都已经达到了较高的艺术水准，并形成自己独特的面貌，作品曾连续两次获得中国手绘艺术大赛一等奖的殊荣。而他的"设计手绘"在满足表述功能的基础上，更多追求的是画面的艺术性和整体性，无论在用色、用笔和处理上都极为慎重和讲究，所表现的"设计手绘"作品不仅是一张张实用的设计表现图，更是一幅幅具有一定欣赏价值的绘画艺术作品。也因此他编写的设计手绘教材不但具有可学性，更有可欣赏性，"系统""实用""有艺术性""有理论高度"是他编写的教材的真实写照，备受全国各大建筑院校师生的喜爱和认可，在手绘书籍泛滥的年代，从中能够起到树立标杆的作用。

如今李明同依旧辛勤地耕耘在教坛、学术研究、艺术创作与实践这片净土上，对于他，我有足够的理由相信在艺术的道路上会走得更好、更远、更宽广。

夏克梁（中国美术学院副教授）

前　言

　　对于艺术设计、城市规划及风景园林专业的学生来说，速写课是必不可少的一门专业基础。因为速写可以收集素材，深入研究某个客观对象的形态、结构和运动规律，由慢到快、由静到动、由简到繁、由浅到深地把握研究对象，为设计作充分的准备。

　　对于建筑、艺术设计工作者来说，速写又是一种必须掌握的绘画语言。设计是一种创造活动，建筑设计、室内设计、工业产品设计、景观设计等诸多设计领域的设计创意，必须借助书面的表达方式，如文字或图形，随时记录想法进而推敲定案。在诸多的表达方式中，速写无疑是最方便最快捷的表现形式。设计师如果没有好的速写基本功，就不可能画出好的构思草图，就不可能完整地表达出自己的设计理念。

　　随着计算机在设计中的运用，用绘画方式表达设计创意的图形越来越少，而以速写的形式来完整、准确地体现设计创意与理念也变得越来越重要。速写可以通过画面图形带给人们一种新的思维方式、观察角度或者设计理念，给人耳目一新的感觉。很多学生在学习速写的时候，都没有意识到速写，尤其是钢笔速写在创意表达中的重要性。这就是本书形成的最初命意。

　　速写的手段与工具很多。作为建筑和艺术设计的工具，钢笔速写是最适合的选择，其画法又不是绝对地倾向哪一门、哪一派，而是用速写的手法对客观事物加以提炼与取舍，从某一个角度表现出来，为建筑、艺术设计类专业服务。

　　本书凝结了个人从事教学实践的体会与总结，可以帮助建筑学、艺术设计专业学生掌握速写的技巧和方法。书中的作品，主要也是近几年来带学生写生时完成的手稿。由于本人水平有限，真诚希望能够得到专家及广大读者的批评指正。

目录

第一章

速写与建筑风景速写

第一节 速写概述

速写是素描的凝练与概括,是在短时间内,用简练概括的线条(有时也用色彩)表现记录生活中的所见所感、刻画客观物象的一种绘画语言。

速写是训练绘画造型能力、工程设计能力的主要手段之一,是提高画家与设计师的眼、脑、手三者协调一致的绘画形式,是造型艺术不可缺少的一个重要课题。作为一种绘画术语,速写在文艺复兴时期形成,意大利文艺复兴三杰之一的达·芬奇就创作了不少速写,不过此时的速写主要还是为最后的创作积累素材,没有成为一种单独的艺术形式。在18世纪以后,速写得到广泛应用并不断升华,速写不再是写生和习作,不少速写作品成为不朽的艺术作品。

速写的"速"即速度,通常被认为是"快",然而"快"与"慢"并非绝对,一张速写,可以在一两分钟内写就,亦可在一两小时甚至更长的时间内完成。因此对速写的认识,不能简单地理解为"快",而应根据不同对象与不同的表现形式来确定。

根据所描绘对象的不同,速写可分为动物、植物、人物、建筑风景速写等;因所采用的工具不同,也可分为铅笔、炭铅笔、油画棒、色粉笔、毛笔、马克笔、钢笔等多种速写形式;还可以根据不同专业画种而分为水墨国画、油画、水彩、水粉等多种速写。

油画速写

国画速写

　　风景速写，是将自然中的所见所感，快速、
简要地表现出来的一种绘画形式，其描绘的对象
为自然风光，如山川河流、树木花草、房屋建筑等。

第二节　建筑风景速写的工具

建筑风景速写对于设计师而言具有重要的意义，它可以从生活的实际场景中记录设计元素。如建筑设计的构造形式与节点，景观设计的构造形式与节点，规划设计的布局与节点，室内设计的构造形式与节点等。这些都离不开建筑风景速写。

建筑风景速写具有很强的功能性，即直观性、说明性、快捷性。它除了直观表达实际场景外，还有训练设计师敏锐思维和想象能力的功能。经常画建筑风景速写，可以使设计师头脑思维活跃，随时勾画出不同的方案，进而可以训练和增强设计师展开创意思维的能力。

艺术设计、建筑学、城市规划等专业人员速写的工具，应以简便为主，为了及时捕捉美好的瞬间，把灵感的火花迅速记录下来，就需要快捷的工具。钢笔无疑是理想的工具之一。中世纪以后，西方画家已经熟练地运用钢笔这种绘画工具，如伦勃朗、丢勒、门采尔、莫奈、凡·高等著名绘画大师都有许多精美的硬笔绘画作品传世，这些作品都是我们学习钢笔绘画的典范。如今画家和建筑师同样也把钢笔作为创作、收集素材、表达构思以及效果表达、制图绘图等的主要工具。

钢笔有普通钢笔、美工笔、针管笔、含墨水的一次性笔（中性笔）等。

普通钢笔线条流畅而挺拔，线条均匀有弹性，但缺少变化。

美工笔是把笔尖加工成弯曲状的笔。由于笔尖可粗可细，线条可根据对象不同而粗细不一，因而线条变化丰富。美工笔的笔法变化较多，有侧锋、逆锋、中锋等多种，更接近毛笔的笔法，适合画乡村风景速写。

针管笔、一次性的墨水笔所绘出的线条连绵不断，生动活泼，犹如春蚕吐丝，更适合画现代建筑和室内速写。

用钢笔作画，线条不宜擦改，因此下笔前要"胸有成竹"，必须培养意在笔先、下笔果断而不犹豫的习惯。

钢笔绘

针管笔、中性笔绘

美工笔绘

　　钢笔画所选用的纸张种类很多，应找到最适合自己作品的纸张，花功夫体会每一种纸的特性，找到自己喜欢用的纸张时，对创作、写生也是一种鼓舞。纸张表面的粗糙度会影响线条的质量。钢笔绘画适宜用不渗水的纸，如素描纸、速写纸、绘图纸、卡纸等不同的纸张。因纸的质地纹理不同，可产生不同的画面效果，因此，创作者可根据自己的习惯选用适合自己的纸张。

第三节　速写的作用

　　速写是画家对客观世界的认识提炼、概括后在作品中的物化形态。照相机可以在千分之一秒中迅速摄取物象，但与速写瞬间捕捉的感受是截然不同的。前者是直接获取包罗万象的画面；后者是表达作者最强烈的感受，捕捉的是最本质、最传神的画面，因而也是最能打动观众的那一部分。

　　生活是创作的源泉，离开生活搞创作更多的是空谈。凭着"灵感"或依靠资料照片，即使组成"佳构"，其作品不是单薄就是苍白，是经不住推敲的，所以速写可以把作者引入生活和自然中，培养作者的观察能力，同时为作者积累丰富的创作素材，激发作者在直觉感悟的引导下，迅速记

录瞬间即逝的美的感觉。在速写中吸收有益的结构和节点，可以升华提炼为设计创作的灵感。

速写不仅是收集素材、记录生活的一种手段，而且是绘画领域的一种独特形式，它那大胆而富有节奏的行笔，简练而明畅的线条，强烈而饱满的激情……都可以把观众带到无限深邃的意境中去得到美的享受。我国当代著名建筑学家梁思成、吴良镛、齐康、钟训正等先生，一直坚持画速写，他们的许多优秀速写都是我们学习的典范。

速写的过程也是一种理解的过程。因此，速写中记录的生活场景，可以说是生活中的一页日记，随时可以激发设计师的创作灵感。

在设计过程中，设计师要运用他的所有能力，包括丰富的想象能力、熟练的形象表达能力、设计理念知识、综合设计能力与技术等。知识和技能在运用时并不是孤立的，它们而是相互联系的，它们在设计师的头脑内同时发挥作用。速写所用工具简单、表达直观、图示全面、不限场合等，是设计创意的最大优点。

速写可以提高设计师、画家的整体素质，所谓刀越磨越快，脑越用越灵，手越练越巧。而这里所说的提高设计师的整体素质不仅仅是指手上的表现能力——随着表现能力的提高，毫无疑问，设计师的审美能力得到了提高。这种能力的提高是所有设计师都希望乃至努力追求的。速写能给我们带来这样的训练机会，我们有什么理由不重视呢？

总之，速写的功能是电脑设计不可替代的，就像照相机发明几百年来不可能取代绘画一样。只有掌握速写这一简单而实用的表现手段，我们的设计才能更加完美。

第二章

建筑风景钢笔速写的线条徒手练习

画家、设计师在写生、创作、收集素材时，必须具备手绘线条图的能力，因为建筑设计、室内设计、园林与景观设计、城市规划设计等专业，在绘制地形图、平面图、立面图、植物和山石、水体以及探讨设计构思、推敲设计方案时，都需借助徒手线条的描绘。钢笔、针管笔、美工笔、中性笔都是绘制徒手线条图的最好的工具，这几种笔绘制的线条特征和图面效果体现了不同的韵味和情感。

学习钢笔速写，首先须从最简单的直线开始练习。在练习中，应注意运笔速度、运笔的方向、运笔的力量。开始时运笔速度应保持匀速，宜慢不宜快，用笔力量要适中，保持笔势平稳，从左至右、从右至左、从上至下、从右上方至左下方、从左下方至右上方等不同方位行笔，进行多种形式的用笔练习。

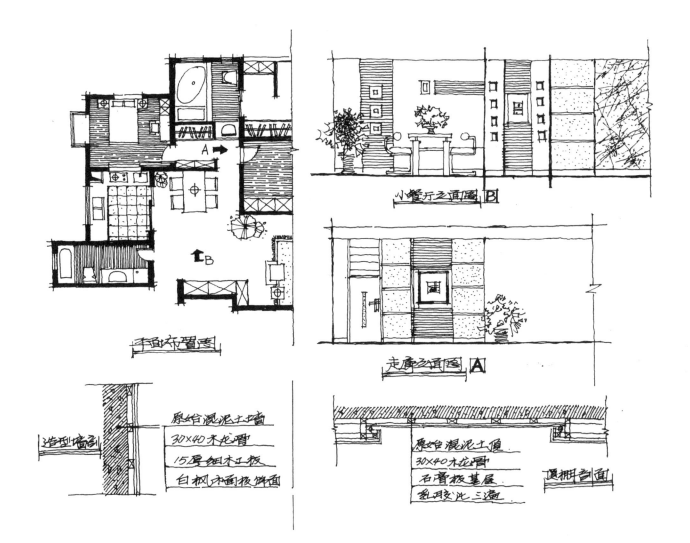

其次要练习曲线、折线。在练习中，应注意运笔的笔法，多练习中锋运笔、侧锋运笔、逆锋运笔，从中体会不同笔法所带来的不同韵味。在建筑风景中，常常会遇到许多曲线、折线，在绘图中将线画得非常圆、非常直，并不是我们追求的目标，因为手绘永远达不到利用尺规画出的效果。在绘画领域里所描绘的直线、曲线、折线是追求感觉中的线，是带有画家情感的线，是画中意境的体现，是作品的生命。练习时不应该机械地描绘，应放松心情，随心所欲，尽量把感受放在第一位，这样画出的线才会自由洒脱，才会有灵性、有生命。

最后可以练习组合线。组合线是直线、曲线、折线的综合运用，在练习中应灵活多变，可以根据不同的对象选择适合的线条表现方法。调整组合线的种类、密度、色调，会出现或深或浅、或疏或密、或粗或细的各种不同效果，这样可以提高线条的表现力，并产生物象的质感。

掌握这些对于初学者来说非常重要。这就要

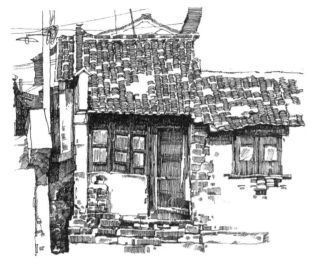

针管笔绘

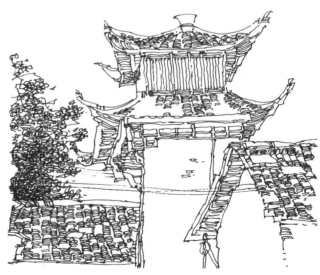

中性笔绘

美工笔绘

普通钢笔绘

求初学者利用闲暇时间进行大量练习，只有通过
这种"练习"才能熟练掌握手中的笔，才能画好
建筑风景速写，才能达到收集设计、创作素材的
目的，为今后的建筑、景观设计打好基础。

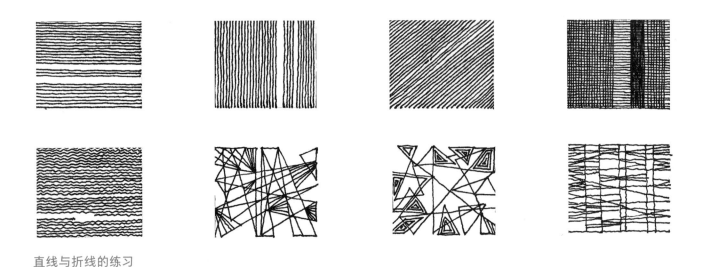

直线与折线的练习

直线、折线、曲线的练习

组合线的练习

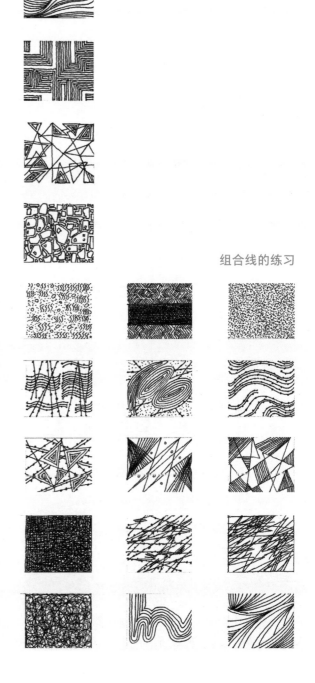

第三章

建筑风景速写的表现形式

建筑风景速写的表现形式很多。不同的作者因对生活的感悟和对美的追求各有不同，产生了不同风格的速写作品。总体来看，建筑风景速写的画法主要有以下三种：单线画法、明暗光影的画法、线条与明暗光影结合的画法。

第一节　单线画法

线是速写的主要造型因素。在观察对象时，首先映入眼帘的是物象的结构特征，这些结构特征，又是通过简练明快的线条表现出来的。线条蕴含着丰富的情感，展现了作者不同的情感因素。线的抑扬顿挫、轻重缓急、长短曲直、浓淡干湿、强弱虚实等无不表达着作者的激情。线的松紧疏密、长短快慢所形成的节奏，构成了画面的韵律，从而产生了强烈的艺术感染力。

中国古代绘画创造性地丰富了线的变化。古人讲线的"十八描"，是在描写各种不同质感、量感而归纳提炼的线的表现方法，对现代绘画产生了深远的影响。

西方艺术家认为：点、线是存在和运动的形象化，存在和运动是点、线的本质与内涵。观察客观对象时，首先要明确所要表达的主题对象是什么，然后利用线的疏密、长短变化来表现空间和距离，用密衬托疏，以疏衬托密，以长线概括全体，以短线刻画局部，以达到形象、深刻体现客观存在物象及其运动本质与内涵的目的。

在画速写时，线条画得太密或太疏，都不利

于主次空间的表现，若从画面和空间的需要来组织，对线的疏密进行取舍、添加，就能掌握疏密要诀，并灵活运用疏密。

　　在线条疏密对比的基础上，应用不同的笔法来表现客观物象，使画面丰富生动，风格多样，充分发挥线条的表现力。写生时，用笔的轻重，可使线条有粗有细，有轻有重，有侧锋、中锋、逆锋。这各种不同的笔法形成的线条，会在视觉上产生不同的力度感：直线显得挺拔，斜线显得不稳定，水平线显得宁静，曲线则显得灵活而富有动感。对不同线条的运用就会产生线的不同力度的对比。当然，写生时不能只追求线的力度的表现，最重要的是要以线的不同形态去表现物象的形体结构。用笔时要结合具体形象的具体情况，有选择地用线。如描绘现代建筑适合运用富有弹性的直线条（钢笔、中性笔），这样可以尽显建筑的高大、雄伟。乡村建筑、风景适合运用多变的曲线、折线（美工笔），这样的线条粗中有细，变化多样，加上中锋、侧锋的巧妙运用，可增强画面物象的历史沧桑、古朴之感。

画面的节奏对比建立在线条的疏密对比、粗细对比、刚柔对比的基础之上。画面所形成线的整体韵味和节奏，是画家对物象的深入理解、对线条的娴熟运用，以及修养达到一定程度的体现。初学者切记：在同一写生作品中尽量用一种工具，这样更容易掌握画面线条的整体性。在一幅写生作品中运用多种笔的线条，若掌握不好，会造成画面线条不和谐，甚至会破坏画面的整体感。一般用强、实表现前面的主题物，用弱、虚表现后面的物体；用短线刻画主题物，用长线概括远处的远景物体。这种变化着的情感线条，表现了不同的空间万象。

总之，单线画法有一定的难度，这就要求要有造型能力，要提高自己的艺术修养，更重要的是要多练、多想、多推敲。

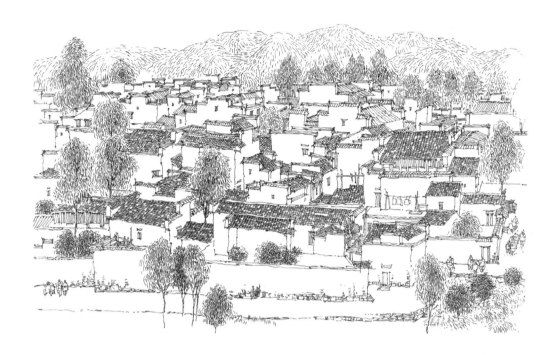

作品运用了单线画法，线条挺拔有力，疏密对比
强烈，节奏感突出。长线、短线的合理运用，使
画面黑白对比分明，空间感强。

▼

第二节　明暗光影画法

　　明暗光影的画法，就是运用光学原理，通过平行光照射到物体后产生的光与影的变化，用调子素描刻画物象的一种表现形式。用这种表现形式再现实际场景，画面对比强烈，形体更加突出，具有强烈的视觉效果，比线条画法表现更加充分，可以凸显非常微妙的空间关系，有较丰富的色调层次变化，视觉效果生动。

　　用明暗光影画法画速写，要掌握光的作用下，物体的高光、中间色、明暗交界线、反光以及投影之间的黑、白、灰的处理。要抓住主要光源，分清受光面与背光面，再以自然变化的规律加以刻画，画面响亮，主题鲜明，黑、白、灰的关系和谐，变化而统一。当然，作为速写来说，所谓的明暗光影画法，不需要像写实素描那样去描绘刻画，只需要表现黑、白、灰三个层次就够了，因为现场写生没有更多的时间去深入刻画，写生时可以适当减弱中间层次。背景时常被省略不画，刻画主要的物体，能够表现出场景物象的三维空间关系，体现其结构、光感、质感、量感及空间感就可以了。

第三节　线条与明暗光影结合画法

　　线条与明暗光影结合画法，是一种常见的表现方法。它以线为主，勾勒出物体的结构，辅以简单的明暗关系，使画面既有线的韵味，又有强烈的黑白对比关系。这种表现形式，充分发挥了单线条画法与明暗光影画法各自的长处，弥补了各自的不足，强化了线与面的关系，突出了结构、空间、质感等重要因素，是一种很好的表现方法。

　　线条与明暗光影相结合的表现方法，要简洁概括，不能像明暗素描那样细致，应按照以线条表现为主、明暗为辅的原则，所表现物象的明暗应强调结构，体现面的转折关系，适当减弱光影在物象中的影响；应重视物象本身的结构，重视面本身的色调对比，在写生时，加以概括、取舍、提炼。用笔要有方向，要根据面的方向进行有序的排线，实中有虚，虚中有实，使画面生动而富有变化，整体和谐。

　　物体在光的作用下会产生不同方向的面。线是由点组成的，面总是由线构成的，不管用什么工具总有排线的痕迹，有线就有方向感、动感、节奏感，所以点、线、面永远是绘画，尤其是素描构图的基本手法。所谓单线画法、明暗光影画法、线条与明暗光影结合画法都不是截然划分的，是相对而言的。不管哪一种画法，都只有一个目的，

就是使画面产生黑白、明暗的节奏感、韵律感和整体感。

第四章

建筑风景速写方法

第一节 整体观察，局部入手

整体观察写生对象，首先要把握住对象的人的形体结构和运动规律，不要被那些无关紧要的琐碎细节所吸引，要看到整体而不是局部细节，"胸有成竹"然后才能大胆落笔，一气呵成，作品才能表现物象的重点。抓住了整体，抓住了物象的主要形体节奏，也就抓住了最本质的东西。所以，训练整体观察是建筑风景速写的头等大事。

局部入手是整体观察后的具体实现，就是将从整体观察后所产生的强烈冲动和感受到的美，迅速转化为速写艺术语言，以一个个具体的细节刻画，组成一幅完整的速写。细节刻画的同时，要始终把握第一感的整体印象，这样才能挥洒自如地概括，流畅舒展地刻画。

第二节　概括与取舍

　　面对变化万千的自然物象和繁冗复杂的场景，哪些该画哪些不该画，这是初学者比较头痛的问题。面对丰富的建筑风景，他们经常是束手无策，无法下笔。

　　针对这样一种情况，初学者在建筑风景写生时要对物象进行整体观察，作一番具体分析，分析哪些因素与主题有关，且最能表达出丰富的内涵。然后，针对这些要素集中精力描绘。一个场景或环境，我们不可能巨细无遗地将所有见到的东西都画出来，场景及建筑物的速写要进行适当取舍，以自己想要画的对象为主体，凡是与主题无关的因素，尤其是那些影响画面效果的东西我们要大胆删减，做到画面需要哪些元素，我们就从大自然中索取哪些元素。把这些为画面主题服务的有关的美的元素，描绘在图纸上，画面达到近、中、远景层次分明，主宾关系清楚，物象组合协调，一幅好的速写就完成了。毫无删减，所谓照相机式的翻版，看到什么画什么，无目的地机械描绘，会使画面苍白无力，也无法打动观众。古人所谓"惜墨如金"、"笔不到意到"、"以一当十"、"以少胜多"就是这个道理。

第三节　对比

在写生时，要仔细观察自然景物中的各个因素：天空、地面、建筑、树木、山水以及人物，明确所要表达的主题内容，然后进行各因素的比较，在心里进行因素对比，如面积对比、虚实对比、主次对比、明暗对比、线条疏密对比等。对比是观察的重要形式因素，是体现画面艺术趣味的重要手段，没有对比，绘画、设计作品就缺乏感染力，缺乏张力。

面积对比

　　面对写生物象，首先要考虑所描绘的主要对象与次要对象在作品画面中的比例关系，主要对象占主要面积，要大于次要对象的次要面积。天空与地面场景的面积不能均等，若以表现天空为主，天空面积就要大于地面场景面积；若以表现地面场景为主，那么天空面积就要小于地面场景。这样才会产生对比，画面才会生动。

虚实对比

　　在绘画中，空间的远近往往靠空间透视或虚实来表现，近实远虚就是画面中主体物、近景画得写实些，次要物和中景画得比近景虚些，远景物画得比中景虚些。当然，空间的虚实关系不是绝对的，前实后虚或前虚后实，以及前景虚、中景实、远景再虚都是可以的。这些虚实对比由画家、设计师的主观意志决定，没有固定的结构模式。在明暗光影画法、线条与明暗光影结合画法中，虚实对比相对容易掌握，在单线画法中，空间的虚实主要靠透视关系或线条的粗细、长短、疏密来解决。

疏密对比

　　疏密对比是单线条画法表现空间的重要手段之一。我们知道线条本身有各种变化，它可以长可以短，可以粗可以细，可以刚可以柔，可以曲可以直。线条的不同形式变化可以表现人的内在情绪的波动，表现感情活动的痕迹。线条经过组织、构成后，有疏有密，就更富有表现力。疏密对比往往表现在空间物象的节奏、韵律、虚实中。比如一幅画的疏密对比主要体现在对物体的疏密组合、线条和色块的疏密分布上。

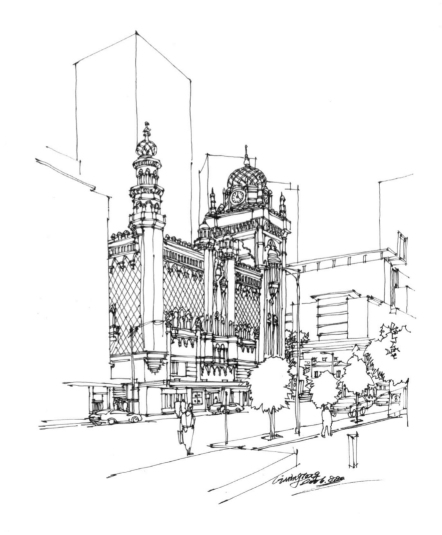

明暗对比

　　明暗对比是一幅好的艺术作品的重要组成部分。比如黑、白、灰色块在画面上的位置关系以及所占面积的大小，要根据构图的需要加以主观的处理。在写生时，要客观观察空间场景里的物象色调，通过自己的理解进行理性分析，并按照美学法则、美的规律进行主观的调子排队，分析出要描绘景物的黑白灰关系、主次关系、虚实关系。

　　当然，以上这些方法，在写生观察中不是孤立的运用，而是相互联系、相互依存、密不可分，是客观与主观、感性与理性的结合。

第五章

建筑风景速写的取景与构图

　　建筑风景速写的取景与构图是作品中最重要的因素，是作品成败的关键。中国画中谈到经营位置，往往说一幅好的构图要"惨淡经营"，可见构图的重要。一幅速写的取景或构图能折射出作者的艺术素养。

第一节　建筑风景速写的取景

　　大自然五彩缤纷，无处不美，然而初画风景速写者往往无所适从，常有两种困惑，一是不知该画什么，二是什么都想画，却不知如何取景。这就需要先训练我们的眼睛。要经常走进大自然中去观察、去感受，要善于在纷繁复杂的自然景观中抓住那最动人的场面，抓住能表现自然景观及画家情感的最为主要的部分，舍弃那些无关紧要的因素。罗丹曾说："生活中并不缺少美，只是缺少发现美的眼睛。"同样一个景，不同人观察有不同的生活感受；同样一个景，同一个人在不同的位置就有不同的美感体验；所以，培养一双审美的眼睛，是画好风景速写的基本保证。画家只有首先感受到美，才可能激起去表现它的欲望，也才可能通过立意、取景、构图，创作出一幅优秀的风景速写作品。

中国画式构图

　　取景就是选取描绘景物的范围。古人说："远取其势，近取其质。"取景就是要对画面元素进行有序的排列组合，从整体到局部，确定哪些是有用的，哪些该舍弃，哪些该重点刻画，哪些该概括处理，哪些元素最能表达意象主题等。

　　有的时候可能取景范围内没有合适的元素，为

照相机取景

了突出主题，我们可以通过移景法，把其他地方的美的因素，移到取景范围内，进行创作式的组合描绘，使画面更为完整，主题更为突出。在取景的同时，还要考虑透视规律、作画的位置，不能不假思索匆匆而就。

取景方法：

1. 选取描绘景物的范围——取景

2. 如果画面中缺少合适的元素可以通过移景法，把画面外美的元素移到画面中来。如把左图中的树移到右图中，使画面更加完整。

建筑风景的写生与取景并不是自然场景的拍摄和机械描摹，而应该是作者主观能动的艺术表现，是画家对场景感动的凝结。自然不等于艺术，自然是艺术创作的源泉，艺术应高于自然，也就是艺术来源于生活、高于生活，是作者情感的升华和智慧的结晶。只有长期深入生活，体验生活，才能捕捉美的瞬间，抓取美的构图。

左图　　　　　　　右图

运用景框取景

对于初学者来讲，运用景框取景无疑是最好的方法。找张纸板，为其切出方口，可以根据自己画面的比例确定切口的比例，也可以用双手的拇指和食指反向相搭，构成取景框，取景时可以左右、前后移动景框，按照摄影"变焦"的方法取景，直到自己满意为止。经过多次的练习后，掌握了取景规律，最后在心中取景，这是取景的最高境界。

取景 2　　　取景 1

取景 3

取景 1

取景 2

取景 3

第二节　建筑风景速写的构图

　　构图是指画面的组织结构，是作者把取景后的诸多因素，通过立意合理地组构在一起，得到一种统一完美的画面，并达到作者借以实现对作品内容和意境表现的意图。

　　构图是一个庞大的、重要的理论体系。它是艺术家为了表现作品的主题思想和美感效果，在一定的空间内安排处理物象的关系和位置，把个别或局部的形象组成艺术的整体。在中国传统绘画中称为"章法"、"布局"。

　　构图常用以下几种形式：均衡式、水平式、垂直式、S形式、三角形式、满构图等。

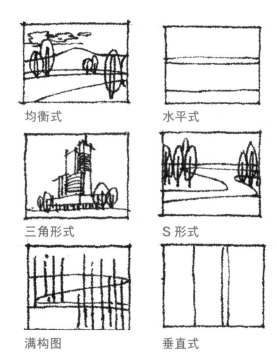

均衡式　　　　　　水平式

三角形式　　　　　S 形式

满构图　　　　　　垂直式

中国传统绘画中的构图
▼

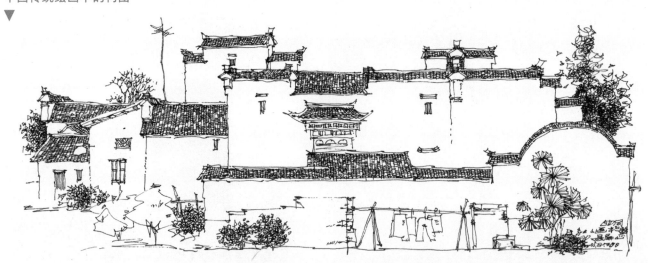

均衡式

　　画面中所描绘物象的面积、数量发生了对比，但在视觉上达到了平衡。这种平衡并不是绝对的平衡，而是感觉上的平衡。

水平式

　　描绘的往往是广袤无边、视线开阔、地形平坦，呈水平状分布的对象，如草原、沙漠、湖泊、海洋等。这种画面的构图在视觉上是横向拉伸，给人以平静、稳定、视野开阔的心理感觉。

垂直式

　　画面中所描绘的对象高耸、直立、挺拔，在视觉上产生纵向、垂直向上动势，给人以拉伸感。如高层建筑、大树等。

S形式

　　画面所描绘的物象呈S形曲线状，如蜿蜒的小路、河流以及曲折的山脉。这种构图给人以婉转灵活、自然流畅的感觉，画面在视觉上产生深远的空间动势。

三角形式

　　三角形式构图在静物的绘画中用得最多。在风景绘画中，三角形构图的倾斜度不同，会产生不同的稳定感。作画时可根据需要，将描绘对象布局成不同倾斜角度的三角形，造成三角形构图的艺术感受，给人以稳定、沉着的感觉。

满构图

　　主要是从画面表现的物象的面积与量的角度来理解构图。在风景写生中通常是不表现天空的，画面构图饱满，内容丰富，常用来表达充满生机的主题感受。

　　构图的形态要服从作品内容和作者内心的感

受，并根据构图形式美的法则来确定。构图的形式美的法则有"横起竖破"、"竖起横破"、"个数与偶数"、"藏与露"、"疏与密"等。构图的基本原则是均衡与对称、对比与和谐统一。

对于构图内容的掌握，除了自己多做练习之外，还要多看别人的作品，特别是优秀的作品。多看别人的构图，琢磨别人的构图构想，不论是绘画作品还是摄影作品，还可以多看影视作品，这些都是一种直接的借鉴。

古人云，"不依规矩，不成方圆"，构图的基本原则就是规矩，但不同创作者艺术修养不同，观察事物的角度不同，创作出来的作品也是变化不一的。客观规律不能违背，但懂得规律的人不会被简单地束缚。真正的画家、创作者往往具有独特的创新意识，会从有法中求无法，学会"戴着脚镣跳舞"，而且不会墨守成规，突破条条框框的束缚，创作出新的艺术构图、新的艺术风格。

第六章

建筑风景速写的透视

第一节 透视规律

设计师表达自己的设计创意（设计方案、设计构思，如建筑外观效果图、室内设计效果图、景观设计节点等工程图和模型），提供给设计人员、工程施工人员交流的最简便、最经济、最直观的方法就是直接画出设计方案的透视图。

近宽远窄

近高远低

近高远低

近大远小

要在平面图纸上表现出物体三维空间的立体感，就得研究物体在空间的透视规律。掌握好透视规律，在写生过程中才能正确描绘客观对象，深入研究某个客观对象的形态、结构和运动规律，为设计作充分的准备。

在日常生活中，我们可能都有过这样的体验：同样大小的物体，会感到近大远小；同样高的物体，会感到近高远低；同样宽的物体，会感到近宽远窄。这些实际上就是物体在空间中的透视现象，这种现象虽然被视觉正常的人所熟知，但是要正确地在纸面上表现出来却不是那么容易。初学者往往会出现本质上的错误，所以透视规律必须掌握好，做到正确运用，活学活用。

针对透视现象，根据钢笔速写的需要，这里简单介绍物体的一点透视、两点透视、三点透视，以供参考和学习。

在理解透视之前，首先必须掌握一些常见的概念：

画面：指假设与地面相垂直的平面。

地面：又称"基面"，指建筑物所在的水平面（地平面）。

地平线：又称"基线"，指地面与画面的交线。

视点：指画者眼睛的位置。

视平面：指人眼高度所在的水平面。

视平线：指视平面与画面的交线与画者眼睛等高，是一条假设的线，实际中并不存在，视平线除俯视、仰视，其余的和人的视高（眼睛水平线位置）有关。

视距：又称主视线，是指视点到画面的距离。

视线：指视点和物体上各点的连线。

消失点：也称灭点、心点，指物体进深线无限延长与视平线的交点。

天点：指物体的一组平行线在透视中无限延长消失于天空中的灭点。如站在近处看高层建筑，楼的垂直线发生透视消失在天空。

地点：指物体的一组平行线在透视中无限延长消失于地面中的灭点。如站在高层建筑顶端，鸟瞰地面，楼的垂直线发生透视消失在地面。

第二节　透视的分类

透视是客观物象在空间中的一种视觉现象，包括一点透视（平行透视）、二点透视（成角透视）、三点透视（倾斜透视）、散点透视（多点透视）。

假设一立方体正对着我们，我们可以这样描述它：立方体是一个三维的立体，表现为高度、宽度和深度。高度是指立方体垂直于画面的结构线，宽度是指立方体水平平行于画面的结构线，深度是指立方体倾斜于画面的结构线。如图所示：

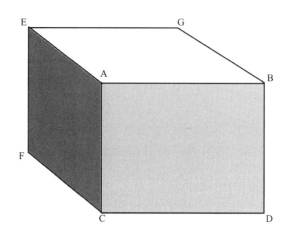

AB、CD、EG 为宽度线，AC、BD、EF 为垂直线，AE、CF、BG 为深度线。

透视与人的站点有关。站点的左右移动会观察到物体不同方向的体面。视点在视平线上，视点的高低决定视平线的高低。

我们可以观察到物体在视平线以上、物体在视平线上、物体在视平线以下这三种透视情况。实际生活中高楼大厦就体现了这种现象。面对一栋高楼，有的楼层在视平线以下，有的楼层在视平线上，有的楼层在视平线以上。

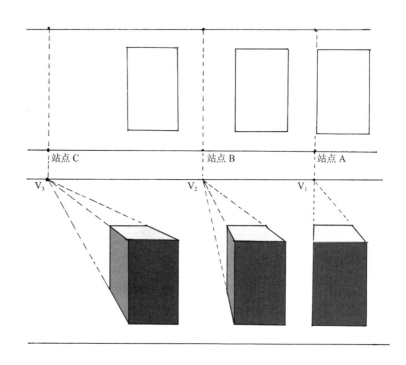

一点透视

也叫平行透视。只有一个消失点，高度线垂直于画面，宽度线与画面平行，有一组深度线。

深度线与画面水平线相交，有一个锐角且深度线消失于视平线上一点 V_1。一点透视图看起来比较稳定、严肃、庄重。

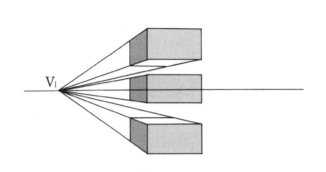

两点透视

也叫成角透视，有两个消失点，高度线垂直于画面，有两组深度线，深度线延长与画面水平线相交，有两个锐角，且这两组深度线消失于同一条视平线上。

两点透视图面效果比较自由、活泼，能够比较真实地再现表现空间，但也有不足之处。如果人的站点选择不合适，就会造成空间物体的透视变形，所以站点的选择对于两点透视来说十分重要。

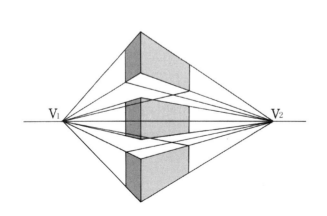

三点透视

　　有三个消失点，高度线不完全垂直于画面。根据站点的不同，高度线或者消失于天空中的天点，或者消失于地面中的地点，另外两组深度线延长与视平线相交形成两个消失点，消失在视平线上，另一个消失点消失在天空或地面。三点透视多用于高层建筑物的写生，人的站点离建筑物越近，其透视越强烈。

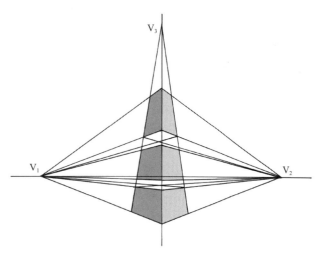

消失点消失在天空（如右图）

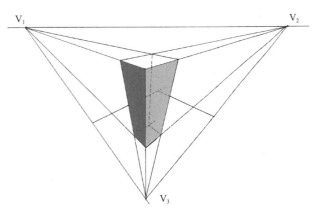

消失点消失在地面（如右图）

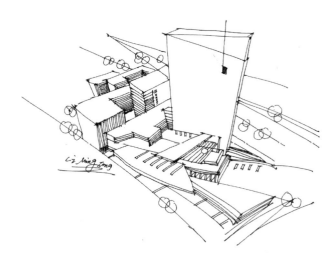

散点透视

散点透视是我国传统国画中常见的一种方法，在速写中也经常采用。它有多个消失点、多条深度线，线与线纵横交错，是一点、两点、三点透视的综合运用。适合画场景速写，比如整个城市、村庄、小区的场景速写。

在写生时，要灵活运用透视规律，选择合适的写生角度，去描绘生动的场景。透视规律固然重要，但过分讲究透视关系，反而使画面显得呆板、拘谨，建议写生时多采用徒手表现，通过目测法去观察、绘制，以训练自己敏锐的眼力。

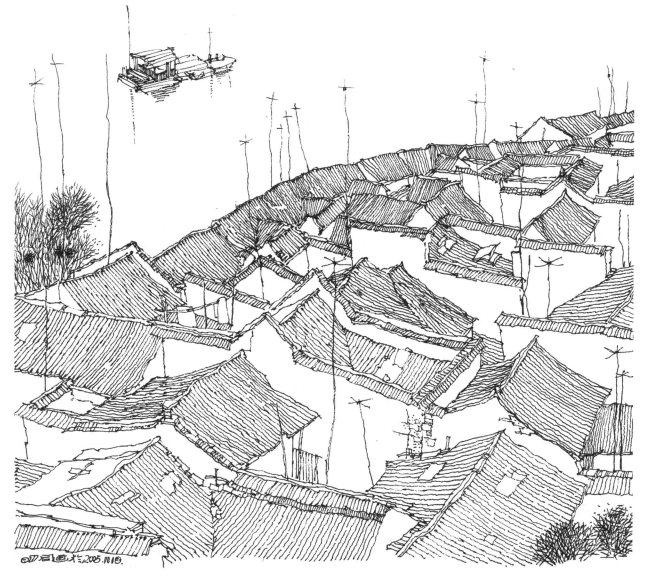

泰山麻塔场景速写

　　这幅画运用了散点透视画法。在动笔之前，作者的运思尤为重要。首先，分析场景的透视规律，确定为散点透视场景。其次，根据散点透视多个消失点的特点对复杂的场景进行取景、构图。最后，对散点透视场景提炼、移景，把想要画的东西在心中归类，然后从局部画起，并及时地调整画面的关系，做到局部服从整体，使画面协调统一。

第三节　透视的求法

对于建筑设计、室内设计、景观设计、规划设计、工业设计等专业学生及从业人员来说，透视图非常重要，也是必须掌握的。本章一、二节，讲了透视的种类及规律，适合初学者写生时运用，能够锻炼初学者眼睛直观对象的能力。但作为一名设计师，除了掌握这些知识结构，还要明确透视的求法（透视图的作图过程）。

所谓的"求透视"，就是根据设计图纸的平面、立面，根据图纸的数据，运用透视规律将平面的二维空间形体转换成具有立体感的三维空间形体，真实再现设计师的设计构思，表达设计意图。这里主要讲解空间的一点透视求法，除此之外，空间两点透视、三点透视、圆的透视等不再赘述。

空间的一点透视画法

（一）先根据室内空间的实际尺寸比例确定一个界面 A、B、C、D。

（二）确定视平线的高度 H.L.，视平线的高度一般设在 1.5 ~ 1.7 米之间。

（三）消失点（灭点）VP 及 M 点（量点）根据站点或所要表现的角度任意定。M 点最好取在 ABCD 矩形外。

（四）通过消失点 VP 连接 A、B、C、D 四个点，求得空间的四条进深线。AB、DC 为空间的高度线，BC、AD 为空间的宽度线。

（五）通过 M 点连接 AD 线上的尺寸点，交点 AVP 为该空间的进深点。

（六）通过进深点，根据平行原理求出空间的透视网状辅助线，进深点的确定要根据空间的实际需要来定。在此基础上求出室内空间透视图。

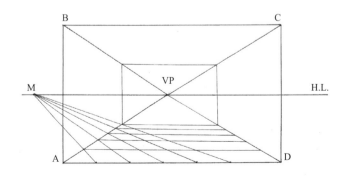

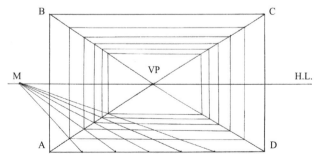

[案例]　已知卧室空间，高度为3米，宽度为4米，进深为3米，空间内有一双人床，具体情况如下图：要求根据已知平面、立面条件求出该空间的一点透视（为了能清楚地表现透视制图过程，卧室平面、立面图画得相对简单）。

[做法]　如图：

（一）根据已知条件求出该空间的透视网格，空间单位长度设为1米。

（二）在透视网格图中找到床的平面正投影，然后拉高投影，根据床的立面尺寸在高度线上截

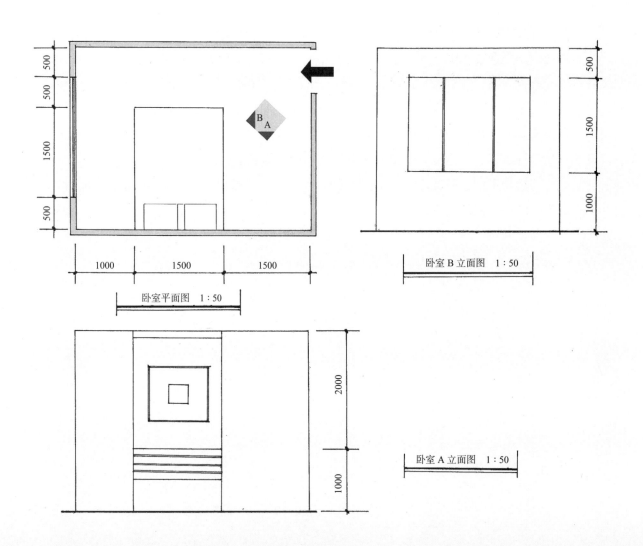

取尺寸点，通过灭点连接尺寸点求出床体的进深线。进深线与投影垂线相交的点即为床体在该空间的高度点，连接各点，求出该空间中的床体。

（三）以同样的方法可以求出床的靠背、墙上的挂画、窗户。

（四）最后去掉辅助线，完成该空间的一点透视。

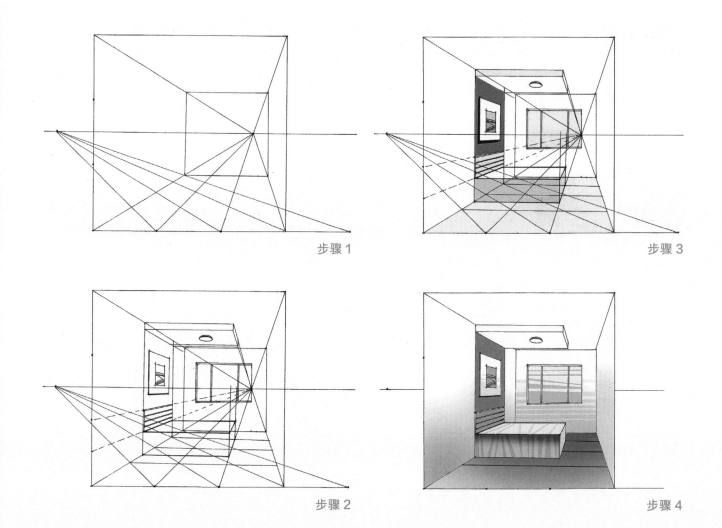

步骤1

步骤2

步骤3

步骤4

第七章

风景速写的要素画法

建筑风景钢笔速写不能只对建筑本身进行描绘，还应兼顾周围环境，建筑不可能孤立地存在。天空地面、山石水景、花草树木以及人物车辆，都应该统一起来，这样才能使画面传递生活的气息。另一方面，配景之所以叫"配景"，是因为它不喧宾夺主，只是建筑本身的陪衬。要懂得取舍，抓住画面需要的景物进行搭配，配景与建筑主体融为一体，才能使建筑周围空间环境更有意境。

第一节　植物配景

社会的发展使人们对自己的生存环境要求越来越高，绿色生态意识不断深入人们心中，植物配置是环境建设中的重要课题，这不仅表现为植物对改善人类的生态环境所起到的作用，更重要的是它给我们带来审美愉悦的精神功能。尤其表现在现代园林的建设上，更加注重植物的开发和利用，植物造景也不仅仅是审美情趣的反映，而是兼具生态、文化、艺术等多方面的功能。当前，在景观设计中植物主要以乔木、灌木、草本为主，在设计中占主要地位，每一位设计师都对其深入研究，研究其生长习性，研究其形态动势和四季的颜色变化。由于气候与生长环境的不同，植物又可以分为南方生长的植物、北方生长的植物。南方气候炎热、雨量充沛，一年四季植物都是常绿；北方四季分明，冬天大部分树木树叶会脱落，只有少数常绿植物。可以说没有植物的研究就没有景观设计的表现，植物配置的好坏关系到景观设计的成败。下面针对乔木、灌木、草坪与草丛的速写做一下简单的介绍。

乔木：一般树身高大，有明显的主干和树冠，且主干高达 6 米以上的木本植物称为乔木，如松树、玉兰、木棉、槐树、梧桐树、白桦树、樟树、水杉、枫树等。乔木又分落叶乔木和常绿乔木。落叶乔木每年到了秋冬季节或干旱季节叶子会脱落，如槐树、梧桐树、苹果树、山楂树、梨树等。常绿植物是一种终年具有绿叶的乔木，如松树、樟树、紫檀、柚木等。由于它们常年保持绿色，观赏价值很高，也是景观绿化的首选植物。

乔木树冠较大，树干较大且粗糙，树枝隐藏在树冠之中，树枝不能全部显露出来，应注意树冠造型中的留白，间隙要有疏有密，切不可满画；树冠外形轮廓要高低起伏富有变化，前后要有层次。还要考虑树干、树冠的明暗关系，用笔要生动灵活，切不可呆板。对于大多数球状、伞状、锥状的树木，可以采取装饰的抽象画法，简洁明了，用笔要洒脱，不可拖泥带水重复用笔。

灌木：灌木是指没有明显的主干的木本植物，植株比较矮小，高度一般在 6 米以下，出土后就分枝，一般可分为观花、观果、观枝干等几类。常见灌木有铺地柏、连翘、迎春、杜鹃、牡丹、女贞、月季、茉莉、玫瑰、黄杨、沙地柏、沙柳等。

灌木相对乔木来说要低矮一些，往往成片成群，树干多细，常被人工修剪。灌木的速写表现与乔木有一定的类似性，表现时应以简练的几何形为主，用笔要概括，能表现出主要的结构即可，也要注意树冠造型空隙的处理，以及树干与树冠的明暗关系。

草坪与草丛多属于草本植物，植物的茎含有木质较少，茎多汁，较柔软。这种植物适宜人工修剪，常见的有足球场绿地、城市公园绿地、城市住宅区绿地、公共道路景观绿地等，这类植物在表现时应简练概括，尽量下笔一气呵成，不可拖泥带水，没有主次关系。画草地必须注意其大的明暗关系，表现出冷暖远近感，作画时可以适量加一些细部刻画，使画面虚中有实，层次分明，必要的时候可在草坪上概括地画一些小灌木的投影，这样可以增强画面的立体感。

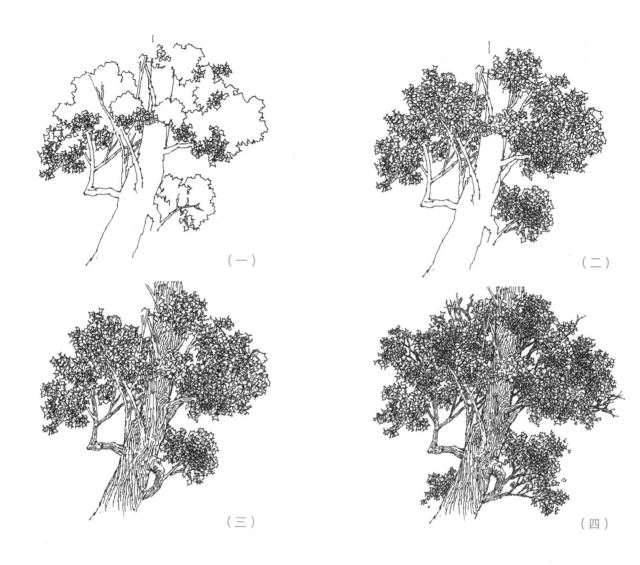

（一）

（二）

（三）

（四）

　　这里对树木速写的方法和步骤进行详细讲解：

　　（一）用铅笔起稿，确定树木的高宽比例，大致画出树干、树枝、树冠的具体位置。

　　（二）进一步画出枝干交错、穿插以及树冠的层次分组，修正树冠的轮廓。分析树木的光影变化。

　　（三）选择适合的表现手法去体现树的质感，不同的树种可采用不同的线条，从局部入手细致地刻画。在刻画局部的同时要顾全大局，要调整树的比例关系，要注意画面的黑白灰关系，同时还要考虑画完的效果。

　　（四）最后完善画面，调整局部与局部、局部与整体的关系，修改画得不理想的地方，使局部服从整体，擦掉铅笔线。

第二节　山石与地面

山石与地面是建筑风景速写中的重要因素，不同的地域，山的形态也有所不同。北方的山形雄伟高大，山势险峻，气势恢宏。南方的山形高低绵延，灵秀多变。写生时需要抓住特点，用不同的线条去表现。可以借鉴传统的山水画法，运用山石的皴法加以描绘，如"斧劈皴"、"披麻皴"、"雨点皴"，用美工笔的侧锋表现更佳，它的笔法近似毛笔，能够充分表现出山石的结构特点。也可以用普通钢笔采用线面结合的方法，用长线表现山石的轮廓，用短线刻画内部结构。排线要根据山石的走势，有序地塑造。点线面、黑白灰的合理运用，会增强画面的节奏感，只有这样作品才能真实地再现自然场景。

写生时地面处理是否得当对于作品成败非常关键。因为地面的形态复杂，所占画面面积大，处理起来有一定的难度。地面的表现方法很多，具体怎样表现，要根据画面的实际情况而定。以建筑为主体的速写，地面通常减弱处理，多数情况以留白处理或简单画一些物象的阴影。以地面的景物为主体的速写，地面物象就要细致地刻画，运用流畅的线条描绘树木、花草、沟壑、石头，不要孤立地刻画，要考虑画面整体的黑白灰关系，通过疏密、主次、明暗的对比加强画面的层次感、远近感。

第三节　人物与车辆

一、人物

　　人物在建筑配景中是一个亮点，它起到画龙点睛的作用，让画面充满活力和情感。人物速写的要点是表现人物的形象、动态，建筑速写作品中人物的刻画要求简练概括，抓住大的外形特征和动态感，把握人物重心，完成它作为建筑陪衬的使命。

　　人物在建筑中的透视应与建筑一致，符合近大远小的规律。记住地面上高于视点的人物一定要高于视平线，低于视点的人物一定低于视平线，若是同一地平线上等高的人物，视点低于人物高度时，无论远近，视平线一定要穿过人物的同一

部位。作画时，人物头部位于视平线上的情况较多，此时视平线横穿远近等高人物的同一部位。当人物不等高时，人物远近经过视平线的位置有上下差异。

　　要想快速准确地把握人物特征，必须对人体的各个关键部位了如指掌，抓住那根动态线，肯定简明地下笔。平时也可以多临摹一些优秀的建筑人物速写，背下来以防不时之需。

　　画人物速写最不可忽视的就是造型与用线，人物的形体比例一定要准确，用线要生动，在表现着衣人物时要注意衣纹的处理，线的疏密、长

短、曲直对比处理要有节奏。除了用
线还要注意用笔，笔锋的变化也十分
重要，在建筑钢笔手绘表现中，人物
的用线应与建筑的用线统一起来，切
不可两者截然不同，否则会破坏画面
的整体关系。

二、车辆

车辆在建筑写生中也是一种常见的环境内容，有汽车、摩托车、自行车、船舶等。作画时应根据实际情况及画面需要添加或删减一些交通工具，烘托建筑主体，丰富画面效果，强调画面场景气氛。

车辆速写的重点在于把握好基本结构及透视变化。线面综合运用，下笔干净利落，简明扼要概括出外形，注意不可喧宾夺主，注意车辆透视与建筑主体及周边环境的协调一致，比例恰当，统一于整个画面之中。

汽车的种类很多，不同的车有不同的外形特征，其外形的材料质地表现出不同的质感，画的时候要抓住车的主要特征，尽量简洁明了。在配置车辆工具时，还要根据实际的场景而定，例如，城市街道应多画一些轿车、公共汽车，火车站与码头应多画一些出租车、轿车、旅行车、人力车等，在安徽、浙江，民居多以皖南风格的徽派建筑为主，大多是靠着河道两边建设，应该画一些竹筏、小船等交通工具。总之，在配置交通工具时应该考虑不同的场景。

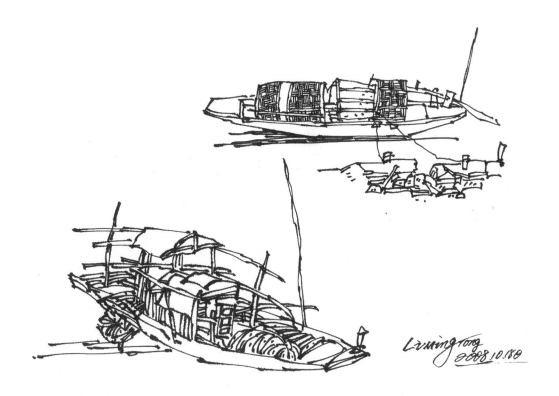

第四节　门窗、墙面、屋顶

　　建筑的式样很多，古今中外的建筑风格各异，上古时期、中古时期、近代、现代、后现代，每一个时期的建筑都有各自的特点，都体现着当时的人类文明，体现设计师的情感思绪。一幅好的速写就应该表达出建筑的形体结构、建筑的空间关系、建筑的风格、建筑的材料、建筑的色彩、建筑的精神。建筑大多数是几何形的特征，在描绘时应把握建筑的主要特点，运用透视原理，详细刻划出建筑的体面转折、明暗关系、色彩关系，特别要注意建筑细节的表达。如建筑的墙体、门窗、

瓦片、柱子、屋顶等，细部的描绘在建筑绘画中非常重要。建筑中没有细节，画面就会显得空洞。所以进行建筑细部描绘，可以使画面更生动，更具有实用性，起到了解建筑、解剖建筑、为设计师收集设计素材的功效。

一、门窗

　　俗话说"门面"，"门"就是建筑的脸面。古今中外任何一位建筑大师都不会忘记这个"脸面"。一张成功的建筑速写作品，自然离不开对"门"的重点描绘。门的种类很多，根据材质的不同可以分为木门、玻璃门、铁门等。木门在传统建筑中较为常见，写生时要把握好木材的质感，大的明暗关系，不可过于繁琐，要与主体建筑保持一致。玻璃门一般用于公共大型建筑中，要点是画出镜面反射效果，有一定的透明度。铁门相对少见，画的时候不可过于强调铁的坚硬度而画得太死、太硬，应根据具体情况来定，画面效果统一。

　　随着经济的发展，建筑材料和结构都有很大变化，传统窗小且分块多的形式被大面积的钢化玻璃取代。前者绘画时注重外部结构及装饰细部的刻画，后者则要注意表现玻璃的透明度及反射效果，写生时用线要大胆、流畅。

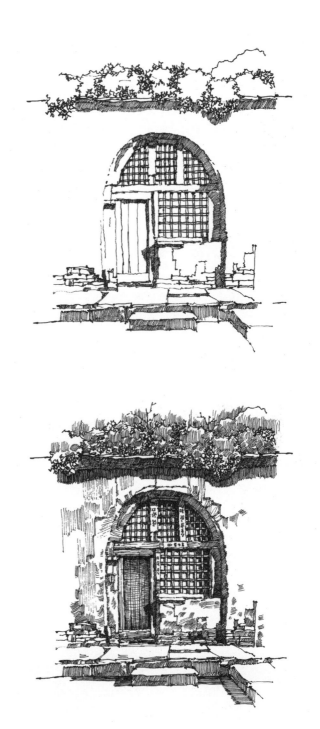

二、墙面

墙是建筑的主体，多个墙面组合从而形成建筑这个"体"。墙有砖墙、石墙、土墙、玻璃墙、木墙、涂料墙等。描绘砖墙时要注意砖块的铺设规律及透视关系。石墙要仔细推敲石块大小相间的形式，近处大而疏，远处小而密的虚实变化。土墙一般见于陕北民居，用笔尽量轻松灵活，不能僵硬呆板，可用一些不规则线条表现土墙的疏松感。玻璃墙与大块玻璃窗画法类似，注重玻璃的透明度及反射效果。木墙在我国南方古民居建筑中较常见，一般下半部是白灰涂抹的墙体，上半部分是木质结构。建筑本身充满江南神韵，写生时注意木板排列的整体趋势，虚实变化，用笔生动活泼，增添画面趣味感。

三、屋顶

　　这里主要介绍传统建筑中屋顶的瓦片，它在建筑钢笔速写表现中是一个亮点，也是一个难点。大面积错综复杂的瓦面需要用心雕琢。瓦的种类很多，有平瓦、蝴蝶瓦、琉璃瓦等。描绘时注意虚实变化，从整体考虑，局部着手。不宜画得太满，要疏密得当，也不能太平均呆板，要有变化，用线灵活，做到胆大心细。让大面积"黑"的屋顶瓦面与"白"的墙面形成对比，丰富画面层次。

第八章

建筑风景速写的方法步骤

第一节　从整体出发

从整体出发的写生方法是：首先在观察对象时，要用流动的视线去观察物象的形体、比例、动势，用笔在纸面上轻轻勾画出所要表达物象的大的轮廓，画时可用一些辅助线或虚点线，然后再根据画面的需要把一些有用的美的因素刻画进来。深入刻画时，要始终把握整体关系，要主次相应，虚实相生，动静互衬，疏密相间。这种方法对于初学者来说非常适宜。

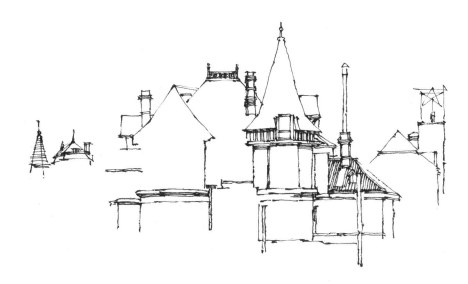

从整体出发写生步骤一

从整体出发写生步骤二

从整体出发

写生步骤三

从整体出发

写生步骤四

第二节　从局部入手

步骤一

　　所谓的局部入手的写生方法，也是建立在对景物进行整体观察基础上，对物象作具体的分析，哪些要概括，哪些要取舍，把景物的个性特征和形式美感、情趣内容充分考虑进来，在心中先立意，也即在心中取景与构图，做到"胸怀全局"，然后从局部入手当机立断，大胆落笔，要狠更要准。

步骤二

步骤三

步骤四

建筑风景钢笔速写作品赏析

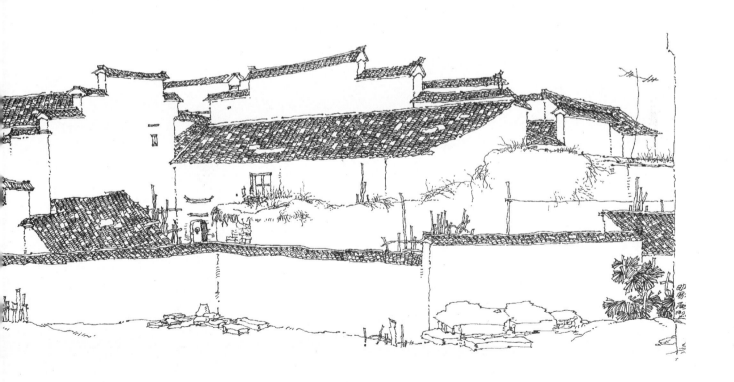

一、城市建筑风景

城市建筑速写对学建筑、艺术设计、城市规划专业的同学来说是必须掌握的一个重要内容。要想画好城市建筑速写，就必须了解城市建筑的结构、特点和历史文脉。城市建筑多是规整的几何块状形体，高层建筑是现代城市的主流，城市里的古老建筑则成了现代大都市里一道靓丽的风景线。这些建筑由于历史久远且代表着当时的社会文化，很值得我们去描绘、去研究、去保护。

我们在研究、学习描绘这一类题材时首先要选择合适的工具、合适的表现手法、合适的视点，然后确定自己理想的构图形式。

现代建筑看起来简单，但由于不同性质的建筑物的立面造型变化各异，有的非常繁琐，有的非常呆板，因此在表现现代建筑风景时，一定要选择有特点、有动感、有生命力、有历史文脉的建筑物来作写生对象。

城市建筑因其体量庞大，在作画时一定要注意透视关系，尤其是描绘建筑群，如果有一处透视规律不正确，就会影响整幅作品效果。

现代建筑的表现在用线时，要追求线条的流畅性，追求线条的节奏和韵律，不可过于死板、机械地去画一些建筑的轮廓，要选择一些动感强的车辆、行人以及树木，作为建筑主体点缀，以增加城市的空间气氛。

大连城市建筑

　　这幅现代都市建筑速写中，建筑物表现得高大、雄伟、庄重，气势非凡。画这一类速写对
用线要求很高，宜采用中性笔、普通钢笔。下笔要果断有力，运笔速度要快，这就要求作者要
有较强的造型能力。

　　此速写是大连城市街景，道路两侧是商业店铺，热闹纷杂，有树、建筑、广告灯箱、车、人物，
还有飘在空中的电线，画面繁杂而不乱，点、线、面，疏密线的合理运用，增强了画面的节奏感、
韵律感。

大连旅顺城市建筑

　　这幅速写作品是大连旅顺市区某街景，写生时光线充足，场景中建筑与环境光线明暗对比强烈，故采用线面结合的手法。场景中留白的雨篷与阴影里的暗面形成了强烈的对比，雨篷下的人物描绘增强了画面浓烈的生活意味，树冠的暗面与建筑的暗面，黑白层次分明，线条排列有序。

大连城市建筑

　　这幅速写是大连市区的一栋古建筑，写生时选用了美工笔。美工笔的特点是线条变化多样，可粗可细，侧锋、中锋、逆锋均显不同质感，有毛笔线条韵味，用这样的线条表现古建筑，可真实再现实际场景，画面古朴、沧桑，历史感强。下笔之前要仔细观察建筑物的结构特点、高宽比例、透视关系，在心中构图，然后行笔，注意长线、短线、点线面的运用，处理好建筑与树、人以及周围环境的关系。

上海城市建筑

　　画面的节奏对比是建立在线条的疏密对比、粗细对比、刚柔对比的基础之上。画面所形成的线的整体韵味和节奏，是画家对物象的深入理解、对线条的娴熟运用以及修养达到一定程度的体现。这幅作品运用美工笔完成，用笔洒脱，线条生动，柔中带刚，张力尽显。

哥特式建筑

　　哥特式建筑是在罗马建筑的基础上发展起来的。随着中世纪社会历史的发展和城市文化的兴起，哥特式建筑创造了新的建筑形制和结构体系，丰富了造型艺术的表现语言，是人类建筑文化历史发展的重要里程碑。写生时要认真研究哥特式建筑的结构特点，详细描绘，在绘制的过程中学习哥特式建筑的结构形态、建筑动势，为设计收集素材。

哥特式建筑

墨尔本联邦广场　哥特式教堂

缅甸　仰光

　　缅甸以佛、法、僧为信仰中心。漆金的塔林，整洁的街道，人们处处礼让，敬佛礼佛，这里不是贫困封闭的缅甸，而是佛法恩泽的圣地。清晨穿橙衣的僧众赤脚川流于小巷大街，居民和好奇的游客将给他们布施。

　　速写下笔之前一定要仔细观察建筑物的结构特点，高宽比例，透视关系，在心中构图，然后行笔，注意点线面的运用，处理好建筑与树，人以及周围环境的关系。

这幅速写利用中性笔绘制。它以中锋线为主勾勒出建筑的结构，线的虚实、强弱、疏密对比，增强了画面的韵味，突出了结构、空间、质感等重要因素。点线面的结合使画面错落有致。水面因为有建筑物的倒影而更加生动有趣。

写生时，要根据写生对象的实际情况选择合适的表现形式，充分发挥各自的长处，以突出主体建筑的结构和空间。

缅甸　仰光　大金寺

缅甸仰光　大金寺

缅甸仰光　李明同

　　沐浴着暖暖的阳光，行走在古塔林之间，犹如行游在历史长河中。这里有不少佛教文化遗址，代表着缅甸各个历史时期的佛塔佛寺建筑艺术的缩影，看见这样入画的古迹遗址，还是忍不住要画上几笔。刻画古塔的细部时，身心被佛塔的构造艺术所惊叹，那是一种怎样的力量和魄力！

墨尔本　联邦广场古教堂

　　这幅速写描绘的是墨尔本的联邦广场的古教堂。面对此场景，写生时要清楚现代建筑风景的特点，建筑多由几何形体构成，在表现现代建筑风景画时一定要选择有动感和生命力的景物来衬托。另外，在处理这样的场景时，要追求线条的流畅性，要画出节奏感和韵味。

墨尔本 联邦广场 火车站

　　这幅建筑速写充分利用对比的手法绘制而成，主体建筑与周围的环境形成线条的疏密对比，近景、中景、远景的主次对比。这些对比都是为了体现主体建筑物的高大和庄重。

　　绘画最终还是得看手上功夫，不同的人画线，有的人画得轻松、凝重、流畅，有得画得滞涩、纤细、厚实。不管是谁，即使对自然景物有超人的感悟能力，如果无法描绘下来，也只能面对大自然空发感叹，因此，有目的地勤于练习，是建筑风景写生中最为实质性的一个环节。

上海外滩　古建筑　李明同

　　这幅速写是上海古建筑，写生时选用针管笔作画，针管笔的特点是线条轻松，连绵不断，有弹性，用这样的线条表现建筑非常协调。画面古朴年代感强。下笔之前要仔细观察建筑物的结构特点、高宽比例、透视关系，在心中构图，然后行笔。

二、乡村建筑风景

中国南方乡村建筑风景

　　列入世界文化遗产名录的中国皖南古村落——西递、宏村、屏山、南屏等地，坐落于中国黄山南麓的黟县，境内自然景观秀美，令人叹为观止，而人文景观的丰富，则更教人心生向往。

　　黟县古民居外形全部是粉墙青瓦，远远望去，较大的村落往往是绿树丛中灰白的一片。这种灰白的色彩在绿水青山的映衬下，会产生一种祥和宁静的效果。这种单色色彩的构成，往往体现了更多层次的审美内容。

　　几百年后的今天，经过长期的日晒风吹雨淋，墙面上的白粉早已斑斑驳驳，呈现出一种冷暖相交的多层复色。尽管它失去了白色的明朗、单纯，却因此产生了一种厚重的历史感。

　　徽州的民居，从屋外到屋里，从地面达屋顶，集砖雕、木雕、石雕、彩绘于一体，简直可以称之为一件完整的工艺精品。其牌坊、马头墙、宗祠书院、门拱梁柱、私家园林，无一不浸透着历史、科技、艺术和文化的内涵。

　　置身于这些古村落中，如同徘徊在久远的中国历史文化长廊。西递、宏村、屏山正是这些迷人的古村落中的杰出代表。

　　正是因为这些，才有无数画者浸淫其中，把生活所感、所悟、所想通过速写的形式表现出来，去描绘、去创作、去记录那持久永恒的生活美感。

皖南古村落　黟县西递

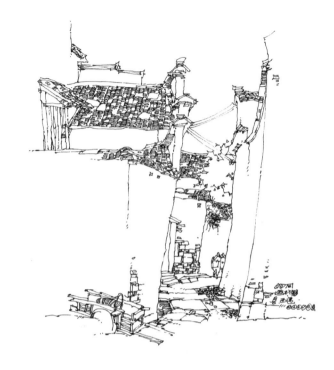

皖南古村落　黟县西递

　　西递位于黟县县城东8公里处，是一处典型的以家族血缘关系为纽带的同族聚居村落。东西长700米，南北宽300米，鸟瞰如船形。因其封闭而被誉为"桃花源里人家"。古建筑家说这里是明清建筑馆，联合国称西递是"世界文化遗产"，外国游客说"这里是地球上最美的村镇"。

湖南　凤凰沱江镇

　　这幅作品表现复杂空间层次。用线的长、短、疏、密和线组织的黑白综合手法，表现了古镇的古朴，很有情调，也有地域特点。画时要注意画面的构图、建筑屋面的高低错落、黑白块的大小组织、建筑结构的形态特征。黑白灰的处理可以产生强烈的视觉效果。

皖南古民居　黟县屏山

　　屏山位于县城东，因村庄北向有山状如屏风而得名。屏山又名长宁里，为舒氏聚族而居的村庄，相传舒氏为上古伏羲氏的后裔。

　　屏山村中有小溪，自北南流，村中房舍沿溪流两岸建造，溪畔有小街。街上开设了许多夫妻店，很像是"徽商"早期创业的形象缩影。屏山村有长宁八桥，清澈的吉阳水，穿村而过，八座古桥连接着一幢幢民居，构成一幅绝美的"小桥流水人家"图画。

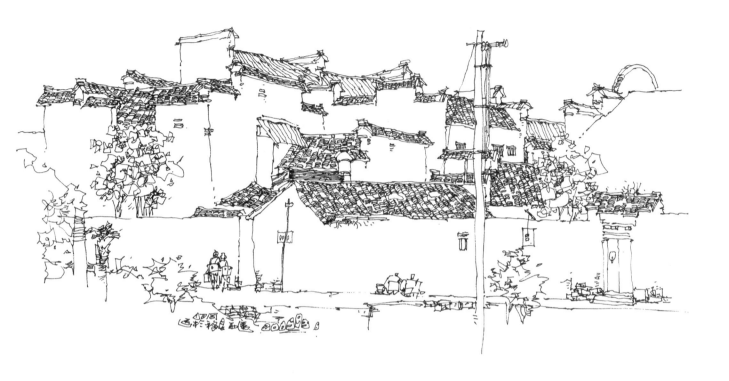

皖南古民居　黟县西递

　　这幅作品画的是安徽黟县西递，选用中性笔绘制而成，主要表现建筑的整体性。黑色的屋面与留白的墙面形成鲜明的对比，轻松跳动的线条使得气氛极为自然。线条的变化可以表现不同的内容，不同的画面语言可以用不同的线条表现出来。画中的电线杆是构图的中心因素，以最少的语言表现了场景中的近景，增强了画面的空间感，使画面生动流畅。如果没有电线杆，画面效果就会显得平淡、沉闷。在写生时要充分考虑实际场景中的每一元素，进行合理取舍。

皖南古民居　黟县西递

　　这幅作品采用了中性黑色笔，线条轻松而随意。全身心投入感人的瞬间，重点刻画了西递街道两边的小生活场景，突出了作品想要表达的中心主题。建筑结构用线勾画，简洁明快，强调画面黑、白、灰的关系，有明显的主次、虚实之感。

南方民居

　　这幅随笔作品有中国画的特点。中国画讲究用笔、用线，讲究气韵、笔墨以及对物象的多种表现形式。山、石、树、建筑等各种物象墨色、皴法、用笔，都十分讲究，特别是美工笔，它的中锋、侧锋、逆锋用笔更像中国画的毛笔，抑扬顿挫，富有变化。作品用线流畅，画面生动、含蓄而有意境。

浙江　余杭　塘栖古镇

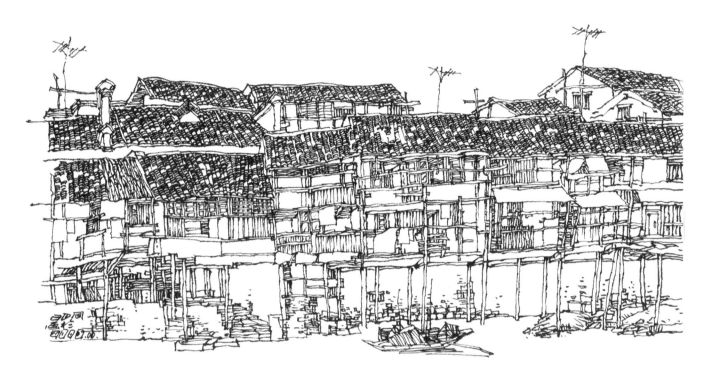

湖南　凤凰沱江镇

　　这是湖南凤凰城沱江镇江边的场景。当地民居基本上是木结构，古朴、沧桑、历史悠久。组织这样一幅复杂的画面，需要有详尽的安排计划，要把很多细节问题整理归纳好再动手。处理复杂的对象非常有助于对画面整体把握的锻炼。画时，先确定好大的比例位置，在心中构图，然后大胆落笔，从局部入手刻画，当写生接近尾声时，刻画的重点应放在对画面整体的把握上，以画面为主，调整补充对比、均衡、节奏等因素，根据画面的状况还可以借景，否则容易失去统一完整的画面。作品中瓦片的表现用线细而密，密而不滞，密中有疏，疏中有密。物象的取舍是最见功力的，关系到作品成败的关键，也是对绘画者创作最经常的考验。

湖北　咸丰刘家大院

上海　青浦朱家角

　　这是一幅表现江南水乡的作品。江南水乡以"小桥流水人家"意境著称，画面以线描的手法来表现这种场景。作品中水和天大面积的空白处理，以少胜多，主次分明，突出了建筑主体。

皖南古民居　黟县屏山

　　风景速写并非摄影一般纯客观地描摹对象，作者在表现客观世界的同时必然要渗入自己的主观感受。在实际写生中对自然景物的概括与提炼，对素材的取舍与添加等就源于此。如左图就是把皖南建筑的黑瓦、白墙作为主要的表现对象，通过疏密、黑白的处理，使画面响亮，节奏感强。

皖南古居民　屏山

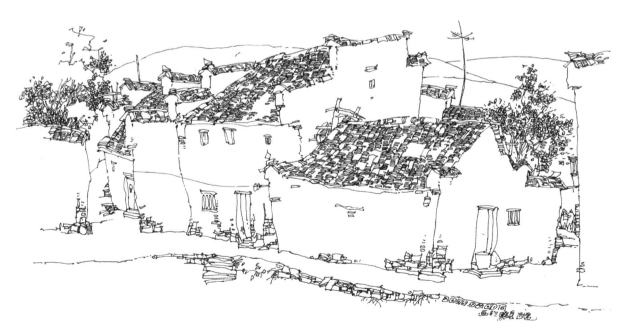

皖南古居民　屏山

古镇

　　前面讲过在写生时，要仔细观察自然景物中的各个因素，如天空、地面、建筑、树木、山水以及人物，要明确所要表达的主题内容，然后进行各因素的比较。以建筑为主，建筑在画面所占比重应该偏大，天空、水面就要相对减少。这幅作品在写生时就考虑了这一点。另外，还要考虑画面的虚实对比、主次对比、明暗对比、线条的疏密对比等。

　　房顶采用密线而形成重色块，建筑的墙体、门窗结构形成灰色块，天空留白形成白色块，加之长线短线的灵活运用，使画面黑白对比分明，线条节奏感强，主题表现明确。

古寨

从江 岜沙

古寨

　　这幅作品采用均衡式的构图，运用美工笔作画，有很强的力度感和装饰性。在画的过程中主要表现建筑的结构，运笔速度要慢，要充分利用美工笔线条可粗可细、变化多的特点，还要学会画面留白（如画面右下角的处理方法），这样可以使画面产生对比，疏密对比、黑白对比、面积对比，增强画面的层次感。

湖北咸丰　严家大湾民居

湖南 凤凰沱江镇

布朗山　布朗族民居

　　这幅作品是以建筑为主题的，作画时按照从局部入手的方法，先画近景，再画中景和远景。画的时候要充分考虑建筑的透视关系，在心中取景，在心中透视、在心中比较，胸有成竹后，下笔果断，一气呵成。

皖南古民居　黟县　屏山

　　该速写用美工笔作画，采用以线为主的表现手法，用排列密集的线来表现青瓦，形成重色块的面，以简练概括的长线来表现粉白墙，形成白色块的面，黑白对比强烈，突出环境的气氛，表现出其建筑的特色。

浙江　桐乡乌镇

　　这幅作品是用针管笔绘制而成。平行排列的线条，可以表现建筑的体积感，而线条的方向则要格外注意，既要有变化，又要有统一性。为了突出建筑结构，要重视光影的表现方法，要掌握光的作用下物体的高光、中间色、明暗交界线、反光、投影之间的黑、白、灰的处理，要抓住主要光源，分清受光面与背光面，再以自然变化的规律去加以刻画，画面响亮，主题鲜明，黑、白、灰的关系和谐统一。

皖南古村落

　　点构成线，线构成面，点、线、面的灵活运用是这幅作品的鲜明特点。参差错落的建筑，用笔流畅，运用散点式的透视规律描绘了皖南古村落全貌，画面构图饱满，层次分明。

古城

皖南古民居　黟县西递

　　这幅作品描绘的是安徽省黟县西递。"西递是古民居建筑的艺术宝库"，西递村被世人称为明、清古建博物馆。村落面积约 12.96 公顷。村子四面环山，两条溪流从村北、村东经过村落在村南会源桥汇聚。村落以一条纵向的街道和两条沿溪的道路为主要骨架，构成东向为主、向南北延伸的村落街巷系统。

　　所有街巷均以黟县青石铺地，古建筑为木结构、砖墙围护，木雕、石雕、砖雕丰富多彩，巷道、溪流、建筑布局相宜。村落空间变化韵味有致，建筑色调朴素淡雅，体现了皖南古村落人居环境营造方面的杰出才能和成就，具有很高的历史、艺术、科学价值。

　　西递正因为有其悠久文明的历史，独具一格的民居特点，秀丽的山水风光，敦厚朴实的乡土民情，迎接着大批中外游客，并成为大中专院校学生实习、写生基地。这幅作品就是带学生写生时现场完成的，运用了中国画长卷式的形式，把西递村落的全貌描绘出来。作品体现了古村落的建筑特点，更体现了我们中国古代村落的文明。

中国北方乡村建筑风景

　　北方的乡村景象独具魅力。破落的老院颓墙，古槐老树，枯枝新芽，小径荒草，溪流泉水自然和谐；原始的石墙、草垛加上那翻滚而来的云团，在远山，田野、村庄的映衬下让人琢磨不定；暮色中的群山层层叠叠，老树上的枝丫间鸟巢高悬；户户炊烟袅袅，落日余晖，让人仿佛感受到山村人们在辛劳一天后的喜悦。这一幕幕、一场场，不可能不在画家心灵深处掀起阵阵波澜。建筑风景速写就可以迅速将这种强烈的感受记录在速写本上。

山东　泰山麻塔

山东 泰山麻塔

山东 泰山麻塔

　　线条的轻重虚实、强弱、疏密变化、曲直粗细，运笔的快慢、顿挫、转折都要恰到好处，当画则画，不当画则去，根据画面的需要，从大自然中，寻找美的因素，来完善画面。并不是画得越多越好，要留出相应的空白空间供人遐想。

野外小景

山东 泰山麻塔

　　意境是速写的最高境界，是作者对生活场景的一种真情感悟。此作品描绘了宅院破落的凄凉景象。"枯藤老树昏鸦"的情景中，既有属于季节变换的凄凉，也蕴涵着生命的力感。画面中人离鸟鹊尤在，鸟鹊的存在与现场形成鲜明对比，激活了画面，整个画面充满生机，充满希望。

山东 泰山麻塔

　　泰山麻塔这个小山村，拥有上百年的历史，它最美的一面仍旧保持着中国古老农村的特点。黑色的瓦房、木格窗、泥土墙、栅栏门、成捆的黑树枝，这几种元素组合在一起，黑白对比强烈，杂乱中透着纯朴。这样的场景，写生时最好使用美工笔，线条粗放有力，能很好地表现实际场景。这幅作品最大的难点是场景中的树。北方的乡村，到了冬天，树叶掉落，枯枝繁多很难绘制，这就要求写生时要把握树的生长特点，把树枝的前后关系表现出来。

　　乡村场景中的树在整幅作品中占有重要的地位，关系到整幅作品的成败。画树要有取舍地去画，而不是见到多少棵树画多少棵，要根据画面的需要从自然场景中去提取，线条要有疏有密，有长有短，灵活运用，这样画出来的作品生动、节奏感强，生活情趣浓，给人以美的享受。

山东　泰山麻塔

　　以田园诗般的笔调描绘的这组深秋乡村
景象，画面轻松自然，线条韵律优美，有强
有弱，有虚有实，造型严谨，将北方的乡村
气息表现得淋漓尽致。

山东　泰山麻塔

　　这幅作品是作者下山回旅馆的路上偶得的
生活场景。当时天色很晚，山涧有一块大石头，
石头上堆放着些果树枝，不由得让人想起齐白
石的国画作品。作品构图奇妙有趣，线条疏密
有致，画面效果理想。这幅作品的产生说明山
村无处不美，每一个角落都是一幅很好的画面。
真正的写生者，就要善于在写生过程中发现美
和表现美。

山东　泰山麻塔

　　作为一个画家或设计师，要善于用艺术眼光去审视自然界的一切。写生中不能看见什么画什么，眼前看到的不一定都去画，看不到的不一定不画，要有取舍，既可以"视而不见"，也可以"无中生有"，同时还可以运用移景法。这幅作品就是通过对现场景物的取舍、提炼、移景来丰富画面，达到和谐统一的。还要注意画面中树、石头、建筑、草堆、天空、地面的处理。画面的眼点是树上的鸟巢，激活了画面，起到了画龙点睛的效果，也是画面的意境所在。

山东　沂蒙小景

山东　沂蒙小景

山东 沂蒙小景

　　这幅速写运用美工笔绘制而成，采用均衡式构图。
均衡式构图使画面中所描绘物象的面积、数量发生了对
比，但在视觉上达到了平衡，不是绝对的平衡，是感觉上
的平衡。

山东 沂蒙民居

　　线条表现讲究线条的疏密、线条的长短、线条的节奏，画面中要有疏密关系。在画速写时，如果线条画得太密或太疏，都不利于主次空间的表现。从画面和空间的需要来组织，对线的疏密进行取舍、添加，才能掌握疏密，才能灵活运用疏密。在线条疏密对比的基础上，应用不同的笔法来表现客观物象，使画面丰富生动，风格多样，充分发挥线条的表现力。当然了，写生时，不能只追求线的力度的表现，最重要的是以线的不同形态去表现物象的形体结构。用笔时要结合具体形象的具体情况，有选择地用线。这幅作品就是运用线条疏密关系来组织的，画面生动有趣，空间感强，再现了实际场景。

山东　沂蒙小景

　　这幅作品是用中性钢笔绘制的，面对不同的场景采用不同的表现形式，作品完全用短线来组织画面，线条极为轻松、洒脱。运用线的疏密、黑白来渲染空间，不追求线的严谨结合而追求线的微妙对比，通过点线营造了一种纯朴、自然的意境。

农具

山东 沂蒙民居

　　农家院落场景如同一页展开的生活日记。作品表现了北方劳动人民的生活场景，古朴，自然，和谐，记录了写生者内心的激情。

山里人家

　　山石与地面是建筑风景速写中的重要因素，不同地域山的形态也不同，北方的山形雄伟高大，山势险峻，气势恢宏。南方的山形高低绵延，灵秀多变。写生时需要抓住其特点，用不同的线条去表现。可以借鉴传统的山水画法，运用山石的皴法加以描绘，如"斧劈皴"、"披麻皴"、"雨点皴"，用美工笔的侧锋表现更佳。

　　这幅作品就是运用中国画的皴法完成的，用线有力，笔法协调统一，风格新颖，表现出了饱经风雨的沧桑感。

村口的老树

　　这幅作品画的是村口景象，运用中性笔绘制而成，采用夸张变形的手法、中国画的用线方法，轻松随意地描绘出来，画面重点刻画村口的两棵大树，用笔灵活有力，富有变化。远景的房屋建筑隐藏在树的后面，以重色块表现，与前景形成鲜明的对比，也就是以重衬浅，突出近景的大树，加之周围环境的描绘。画面寓意深远，引人遐想。

房前的自留地

　　在画家眼里，山村最美的季节就是入冬前和开春季节，这个季节更能体现山村所特有的艺术魅力，房前的院子、木栅栏、草垛，还有那一分自留地，这些都是山村最具代表性的生活写照，包含了几代劳动人民艰辛、朴实的生活故事。

山东　泰山麻塔

废弃的宅门

　　这幅作品运用了线条与明暗结合画法。线条与明暗结合是速写中一种常见的表现方法，它以线为主，勾勒出物体的结构，辅以简单的明暗关系，使画面既有线的韵味，又有强烈的黑白的对比关系，突出了结构、空间、质感等重要因素。

山东 泰山麻塔

山东 泰山麻塔

异域乡村建筑风景

位于中南半岛的缅甸，地处东南亚，西南临安达曼海，西北与印度和孟加拉国为邻，东北靠中国，东南接泰国与老挝。境内有广阔的密林，延绵的山脉，将各村庄相互隔离。村落自然的分散使古代的缅甸具有浓厚的民族部落特性和农村公社制度。5000年前，缅甸的伊洛瓦底江边的村庄已有人类居住。内部农业（渔业）与家庭手工业相结合，形成了自给自足的小社会。

公路两边的稻田中生长出棕榈和椰树，这样的地貌是东南亚典型的雨林乡村田野景色。零星闪过的那些由木材和稻草搭建的民房，看上去与柬埔寨、泰国的非常相近。我去过佛塔无数的仰光，游过位于深山密林的莱茵湖，到过翡翠产地曼特勒，赏过享有"万塔之国"美誉的蒲甘，边走边看、边画边拍，倒也是一件赏心乐事。

进入村庄到处是原生态的景象，处处如画。如眼前这幢民居掩映在树丛中，房屋旁边的篱笆墙纵横交错编织，围合成院子，简陋的院门与半架空的建筑让人一览无余，没有私密性，我们没有跟主人打招呼就走了进去，主人没有任何的反应，写在脸上的不是反感而是非常的友好和好奇。

原生态的景象　缅甸

安居乐业　缅甸

　　驾驶的木船渐行渐远，远远还能够看到湖面宅子里的妇女
在水上劳作，有的背着孩子在湖面洗衣服，有的在淘米做饭，
还有的在撒网，袅袅炊烟升起，如海市蜃楼一般，那是真正的
水上人家。且不说写生作品的表现形式是否能够再现实际场景，
这样的画面我想在国内是很难见到。

缅甸民居　李明同

缅甸民居　李明同

湖上村庄　缅甸

　　我们不能靠近村庄就只好拍照，湖水在汛期泛黄却不宁静，有好多房子被水淹没，也有只露出房顶的，这么危险的环境，我想我是无法在这样的房子里生活的，但这里的人们或许早已掌握了汛期规律，才能安然悠闲地生活。对于这样的生活场景，可以说无论用哪种写生方法，画面都非常有趣，这是实际场景的韵味。

缅甸　路边村庄

　　这种原始的生活场景说明这里的治安非常好，简陋的建筑与周围的环境也很入画。线面结合是表达稻草房比较理想的表现形式，在途中这样的建筑很多，但由于时间的因素，就选择了这个场景写生了一张。

院中的石磨

　　进入另一个院子，被眼前的石磨吸引住了，石磨架构在一棵大树的树根上，造型与周围的建筑环境非常和谐，村子里这种原始粗放型加工的生活用具到处可见，能够看出他们对自然的尊重与热爱，这是个令人着迷的国度！

　　画面运用了夸张造型手法，墙体的倾斜用笔，窗户的歪曲变形，树木、柴堆的概念处理，使画面生动有趣，意境深远，再现了实际的场景。

缅甸　路边的村庄　李明同

缅甸　路边的村庄　李明同

缅甸　路边的村庄　李明同

　　进得村中，只见每户人家都有一个庭院，院内有主屋和附属的小屋等建筑设施，房屋错落有致，一般均为吊脚楼。上面住人，东南亚地区的干栏式建筑底部一般都是架空的，吃、住、烧等一般都在同一楼层，在不大的空间中会显得格外拥挤和凌乱。面对这样的场景，一定要懂得如何去取舍、如何采用线条疏密的对比手法拉开画面的空间关系。

缅甸村庄　李明同

　　以地面的景物为主体的速写，地面物象就要细致地刻画，运用流畅的线条描绘树木、花草和掩映在树丛中的民居，这种结构的民居非常适合钢笔速写，作品也非常有价值，原汁原味。传统画论中的"师法自然""道法自然"确实很有道理，自然界的一切就像真的经过一位造物主安排一样，是那么丰富，那么和谐！

缅甸　开放的民居

　　进入村里，被眼前开放的民居惊呆了，没有围墙限定，更没有入户门之类的功能设施，有的只是用简单的木头搭建的低矮的草房子，房子前边堆积着烧火用的木柴，且不说木制的房子旱季容易着火，雨季还会渗水，也许这里的人早就习惯了这种生活。

缅甸　村民的午饭

　　缅甸人过着非常简朴的生活，中午时分进入这两户民居院落，正碰上了他们在做午饭，午饭就在院子里搭建的简陋的炉灶上完成，几块石头随便一堆，点燃中间的柴火，夫妻二人就完成了可口的午餐，虽然看起来辛苦，脸上却写着幸福。

　　在对景物进行整体观察后，对物象做具体的分析，把景物的个性特征和形式美感、情趣内容充分考虑进来，在心中先立意，也即在心中取景与构图，做到"胸怀全局"然后从局部入手进行描绘。画面中简单的人物动态，生动地描绘了午饭情景，蕴含了画面的意境。

LiMingTong 2014.6.30.

缅甸　小院意境

　　村中的小院看似原始、简陋、残破,没有生气。拍照时,男主人与女主人的出现让小院充满了温馨与浪漫,这样的画面只有亲历才能体会到。画面中的摩托车更是增添了空间的情趣,让破落的小屋都显得那么有意境。

缅甸　村庄　李明同

入得院内，便可发现，每一个院子都极具画面感，吊脚楼、篱笆墙、牛车、马槽、储水陶罐、石磨、水井、小茅屋都是创作的好素材，构成了一幅幅宁静祥和具有原生态之美的画面。

缅甸　吊脚楼　李明同

　　村庄是典型的干栏建筑，多以草屋为主，房子的顶部
以茅草为主，四周用竹席编制而成。人在上面住，饲养的
牲口在下面，这些干栏建筑结构源于早期缅甸人的巢居：
在树上搭建竹棚和在树下圈养牲口，后来才逐渐变成今天
的楼房式结构。缅甸四季温暖，不会因席墙透风而感到
寒冷。

缅甸 雨后的院落 李明同

　　雨后的村庄散发着难闻的牲畜粪便味道，村中像这样的院落很多，养着牲畜和家禽，有的人家甚至是放养。院子里，老人坐在木房前悠闲地抽着烟，女人们聊着家常。在这里第一次看到了原始淳朴的生活场景，人们对美好的生活给予了无穷的希望，我不知道这简陋的房子价值几何，但从这些淳朴的缅甸人身上，似乎可以看到这个贫穷国度的人们对生活的信心。每一寸土地里就有一个美好的心愿。

　　有了这样的生活体验，我认为速写还是现场写生、现场提炼、现场感受最为有趣。此类作品能够受现场空间环境的感染，使自己激动，用笔往往灵活多变、气韵生动，是照片描摹所无法比拟的。

缅甸 村庄 李明同

缅甸 Okguest houset旅社

　　画面描述的是在仰光苏雷宝塔附近的Okguest houset旅社，旅馆门前奇特的热带植物非常有趣，我便收起活蹦乱跳的心跟着画起来。

　　缅甸大部地区属热带季风气候，降雨量因地而异，这里的植物生长茂密，常年绿色，建筑物要下笔果断有力，运笔速度要快，同时植物在勾线时要做到有条理，"形散神不散"。

我的艺术观念

　　我尝试过使用多种工具的表现形式，但是用钢笔来表现建筑风景一直是最得心应手的。我喜欢中国画，中国画讲究用笔用线，讲究气韵、笔墨以及对物象的多种表现形式，山、石、树、建筑等各种物象墨色、皴法，这些使我受益匪浅。美工笔的中锋、侧锋、逆锋用笔更像中国画的毛笔，抑扬顿挫，富有变化。

　　从艺术观念上讲速写，我倾向于白描，倾向于用线的表现形式，用线的疏密来组织画面，对我影响最深的是美国当代版画家哈伯劳克的钢笔风景画，他以线的疏密排列交叉，结合点的画法，描绘了落叶后树林景象。

　　有的学者认为，线条排列细密的钢笔画不适宜于现场描绘，而应该在工作室去完成。我认为并非如此。速写是现场写生、现场提炼、现场感受最为有趣。此类作品能够受现场空间环境的感染，激动之余。用笔往往灵活多变、气韵生动，这种效果是照片描摹所无法比拟的。

　　传统画论中的"师法自然""道法自然"确实很有道理，自然界的一切就像真的经过造物主安排

墨尔本古建筑　李明同

一样，是那么丰富，那么和谐。在自然界面前，个人是渺小的，美术工作者以自然为师是天经地义的。带学生外出写生是我最得意的事，尤其是到偏僻的乡村，如泰山麻塔、沂蒙山、西递、屏山、南屏、宏村、大连、旅顺、青岛等地，在那里，我深深感到自然风景之优美，天地之辽阔，人情之朴实。

从艺术的角度出发，无论是精细描绘，还是概括性表现都很有价值。对于初学者，特别是学习建筑、艺术设计专业的，我还是主张多画一些精细的作品、写实的作品，具备精细描绘的能力之后再作概括性的表现才会有扎实的根基。一个学习建筑艺术设计的学生，如果画不好速写，也就是说，不能把自己看到的美的物象和现场感受，用自己喜爱的表现方式，准确、生动地反映出来，他的设计和手绘能力必然要大打折扣。

本书中的速写，均是我带学生实习时现场所绘。代表我对南方、北方、城市、乡村不同区域的生活体验。我希望这些速写能给学习建筑艺术设计专业的同学以及初学者一些直观的启迪和帮助。

李明同

　　1973年2月出生于山东省海阳市，2001年毕业于山东工艺美术学院环境艺术设计系，中国矿业大学艺术与设计学院硕士研究生，现任教于烟台大学建筑系，国际商业美术设计师协会山东分部专家委员会委员"专家"，中国建筑学会室内设计分会会员，中国室内装饰协会会员，烟台现代书画院画家、烟台民盟一多书画院副秘书长。

　　作品曾入选全国建筑画展，在学生时代，作品曾获山东省书画大赛金奖、银奖、铜奖、入选全国大学生书画展、代表山东工艺美院参加全国大学生素描教学研讨会。2008年获中国手绘高峰论坛"利豪杯"手绘大赛三等奖。著《当代美术家——李明同》，作品、论文发表在《当代绘画艺术》、《山东美术家速写作品选》、《社科研究》、《四川戏剧》、《胶东书画》、《设计艺术》、《经济与文化》、《烟台大学美术书法作品集》、《烟台大学学报》等多种刊物。多幅设计速写发表在建筑系列教材《建筑素描》、《建筑速写》、《设计速写表现技法》等教科书。

杨明

　　1979年2月出生于山东烟台市。2003年毕业于山东轻工业学院环境艺术设计专业。山东轻工业学院硕士研究生，现任教于山东烟台大学建筑系。中国建筑学会室内设计分会会员，中国室内装饰协会会员。论文曾多次发表在《边疆经济与文化》、《社科研究》、《戏剧文学》、《四川戏剧》等国家核心期刊。